AF356820

Extrait du *Bulletin de la Société d'Études Scientifiques d'Angers*
(année 1885).

ÉTUDE

SUR

QUELQUES TRILOBITES

DU GROUPE DES PROETIDÆ

PAR

M. D. ŒHLERT

Membre correspondant.

L'étude de la faune du Calcaire Carbonifère de
l'Ouest de la France (1) nous a amené à étudier
quelques espèces de trilobites appartenant à cette
période et provenant de nos gisements ; le genre
Phillipsia nous a fourni trois espèces : *Ph. Derbyensis,
Ph. gemmulifera* et *Ph. Kayseri* (2) ; nous avons également reconnu la présence du sous-genre *Griffithides : G. globiceps* et *G. seminifera* ; enfin, le genre

------

(1) Cette étude est presque entièrement terminée et sera
publiée prochainement.

(2) Nous dédions cette espèce à M. Kayser qui a signalé une
forme semblable sans lui donner de nom spécifique, dans une
note sur le Culm d'Aprath. Jahrb. d. preus. geol. Land, 1882,
p. 74.

1

Brachymetopus, si rare et si curieux est représenté par une forme qui nous a paru nouvelle et à laquelle nous donnons le nom de M. Saminn (1), directeur de la mine du Genest, qui a bien voulu nous communiquer le seul échantillon actuellement connu de cette espèce.

Tout en recherchant les caractères distinctifs des espèces que nous avions à déterminer, nous avons en même temps examiné quels étaient les liens qui pouvaient les rattacher à d'autres formes, soit génériques, soit spécifiques, les ayant précédées dans le temps, et nous avons vu tout d'abord qu'il existe dès l'étage précédent, dans le dévonien, des espèces proches alliées des *Phillipsia*, que M. Kayser a désignées sous le nom de Dechenella (2) et que ce même nom de Phillipsia, qui éveille en nous l'idée de Trilobites tardivement apparus, figure déjà dans des listes de fossiles siluriens de la Bohême (3), de la Suède (4) et de l'Angleterre (5) (faune seconde).

Ces trilobites carbonifères appartiennent tous à un même groupe, celui des *Proetidæ*. La « famille des *Prœtus* » telle que l'a comprise M. Barrande, se compose des genres suivants : *Proetus, Phillipsia,* — ayant pour synonyme *Griffithides,* — *Cyphaspis, Arethusina* et *Harpides ;* l'auteur cite comme caractères distinctifs,

---

(1) *Brachymetopus Saminni.* Œhl.

(2) Kayser, *Zeitschrift. d. Deut, geol. gesel.*, 1880, p. 703.

(3) Barrande, *syst. sol. Bohême. Tril.*, t. I, p. 477, t. II, p. 18, pl. 1.

(4) Linnarson, *Trans. Acad. Roy. Stockl.*, vol. VIII, n° 2, p. 72, pl. 2, fig. 30-32.

(5) Marr. Quart. Journ. Geol. Soc. Aug. 1885.

- 3 -

la forme et la direction de la suture faciale, mais il
est obligé, pour tenir groupés ensemble ces différents
types, d'ajouter : « tête variable dans ses apparences ;
segments thoraciques variant de 8 à 22 (1) ; pygidium
très variable dans sa forme ; ornements très variés. »
« Ce groupe, dit-il, est composé de genres qui offrent
entre eux de grands contrastes sous divers rapports,
comme la lobation et le relief de la glabelle, le nombre
des anneaux thoraciques , le développement du
pygidium et l'ornementation. Cependant on peut
reconnaître des transitions entre les formes extrèmes,
si on compare l'ensemble des espèces. Nous croyons
donc pouvoir les réunir provisoirement. Si le grand
nombre des anneaux des deux derniers types (*Arethusina* et *Harpides*), semblait être un motif pour les
séparer des autres, ce caractère les rapprocherait des
Harpes (2). » Nous pensons en effet que *Harpides*
et *Arethusina*, auxquels nous ajouterons même
Cyphaspis, sont en grande partie cause des « contrastes » que signale M. Barrande, entre les différents
membres de sa famille des *Proetus*, et nous sommes
disposés à considérer ces trois genres comme formant
un groupe de passage, distinct des véritables *Proetidæ* et servant d'intermédiaire entre le genre *Proetus*
et le genre *Harpes*.

Si nous examinons *Cyphaspis* (fig. 20), le plus *Proetidæ* par la forme, nous lui trouvons bien en effet
quelques rapports avec Griffithides (fig. 14, 15, 16),

---

(1) *Phillipsia parabola* n'a même que 6 segments.
(2) Barrande, Loc. cit., t. I, p. 336.

par une disposition à peu près semblable du lobe postérieur de la glabelle et avec *Proetus* (fig. 13), par les proportions relatives du corps et par la forme du pygidium, mais il diffère de ces deux genres par le contour surbaissé de la tête, par le relief de la glabelle, par la petitesse et la forme des yeux, par la place que ceux-ci occupent à une distance toujours assez grande de la glabelle, par l'écartement des branches de la suture faciale et enfin par le nombre plus considérable des anneaux thoraciques. *Arethusina* (fig. 21) — qui n'est qu'un *Cyphaspis* chez lequel tous les caractères se sont exagérés, — et surtout *Harpides*, s'éloignent encore davantage du type *Proetus*, tandis qu'ils tendent à se rapprocher de plus en plus des *Harpes* (fig. 12) par leur forme large et aplatie, la diminution de l'axe médian par rapport aux lobes latéraux, ainsi que par le grand nombre et l'étroitesse de leurs segments thoraciques.

Si nous enlevons au groupe des *Proetidæ* les genres *Harpides*, *Arethusina* et *Cyphaspis*, l'ancienne division de M. Barrande se trouve ainsi réduite aux genres *Proetus* et *Phillipsia*, auxquels nous réunirons :

Brachymetopus, M'. Coy, 1847 (fig. 1, 2), genre exclusivement carbonifère qui perpétue pendant cette période le type des *Proetidæ* siluriens à glabelle petite, étrécie au front, du groupe de *P. micropygus* (fig. 4).

Griffithides. Portlock, 1843 (fig. 15, 16), sous-genre de *Phillipsia*, exclusivement carbonifère dont l'indépendance n'était pas admise par M. Barrande, mais qui nous paraît former une section distincte.

— 5 —

Dechenella. Kayser 1880 (fig. 3, 5, 23), genre créé pour des espèces dévoniennes pourvues de 10 anneaux au thorax, et rangées autrefois parmi les *Phillipsia*.

Phaëton, Barrande 1843 ou 1846. Sous-genre de *Proetus*, créé puis abandonné par M. Barrande et repris ensuite par les auteurs pour désigner certains *Proetus* dont le pygidium, généralement plus déve‹ loppé que dans le type, est entouré de pointes, en même temps que les dimensions de la glabelle diminuent et qu'il existe un espace plus ou moins grand entre elle et le limbe. Ex : *Phæton Archiaci*, *P. striatus*, *P. planicauda*.

Enfin nous ajouterons une forme du silurien moyen désignée par M. Barrande sous le nom de *Phillipsia parabola* (1), et que nous séparons des vrais *Phillipsia* ; nous lui ‹donnerons le nom de *Phillipsella* pour rappeler son nom primitif et indiquer en même temps les analogies qui la relient aux trilobites carbonifères (2).

Phillipsella Œhlert. — Contour ovalaire, allongé ; trilobation très distincte sur la tête, le thorax et le pygidium.

Contour de la tête semi-elliptique, pourvu d'un limbe distinct ; l'angle génal, dans la seule espèce connue est prolongé en une pointe longue et aiguë ; glabelle peu saillante, dépourvue de sillons latéraux,

---

(1) Barrande, Loc. cit., t. I, p. 336.
(2) Le nom générique de *Phillipsella* devra être abandonné pour celui de *Phillipsinella* Novàk qui a la priorité, ainsi que nous l'expliquons dans une note placée à la fin de ce travail. (Note ajoutée pendant l'impression.)

très dilatée antérieurement et rétrécie en arrière à la hauteur des yeux de façon à former « comme une sorte de pédoncule un peu étranglé et déprimé au milieu. » Sillons dorsaux très accusés suivant tout le pourtour de la glabelle. Anneau occipital beaucoup plus large et plus prononcé que le limbe et le sillon postérieur de la joue. Test orné « de rugosités ou stries irrégulières, concentriques. » — Thorax formé de six segments terminés de chaque côté par une extrémité arrondie. — Pygidium un peu transverse, présentant en arrière une légère échancrure arrondie, avec un axe moins large que les lobes latéraux, s'arrêtant à une certaine distance du bord, et sur lequel on compte 5 ou 6 segments. Côtés pourvus de deux ou trois plis peu marqués.

Type : *Phillipsia parabola*, Barr. rencontré dans la formation des schistes gris jaunâtres d⁵ qui sont à la partie supérieure des quartzites D. Cette même espèce a été trouvée en Suède, également dans la faune seconde, ainsi qu'en Angleterre.

Le groupe des *Proetidæ*, ainsi compris, serait alors composé de genres ou sous-genres, plus homogènes et caractérisés par une forme ovale, par un thorax formé de 6 à 10 anneaux, par une suture faciale à branches isolées dont une des extrémités vient couper obliquement le bord postérieur de la joue, à peu près au-dessous de l'œil (1), et par des yeux

_____

(1) La suture faciale du genre *Brachymetopus* n'est pas encore connue, mais la disposition et l'emplacement des yeux semblables à ceux des autres genres, prouvent que si cette suture était visible, elle suivrait le cours normal.

assez développés, toujours très rapprochés de la glabelle et du sillon postérieur. Quant à la glabelle, elle présente deux dispositions un peu différentes à la partie antérieure, lesquelles nous paraissent devoir correspondre à deux sections, peu importantes du reste, mais cependant distinctes ; l'une comprenant les genres à glabelle conique ou *Proetidæ* proprement dits, l'autre, les genres caractérisés par une glabelle élargie en avant et pour lesquels nous proposons le nom de *Phillipsidæ*. Le tableau suivant montre la répartition des genres dans les deux sections, en même temps que leurs époques d'apparition et de durée.

GROUPE DES PROETIDÆ

Section A. PROETIDÆ, glabelle conique en avant.

	Silurien	Dévonien	Carbonifère	Permien
G. *Proetus*	+	+	+	
S. G. *Phaëton*	+			
G. *Dechenella*		+		
G. *Brachymetopus*.			+	

Section B. PHILLIPSIDÆ, glabelle élargie en avant.

	Silurien	Dévonien	Carbonifère	Permicus
G. *Phillipsella*	+			
G. *Phillipsia*		?	+	+
S. G. *Griffithides*			+	

Nous examinerons successivement les genres du groupe des *Proetidæ* en montrant les liens qui les rattachent les uns aux autres, puis nous examinerons les caractères communs qu'ils peuvent avoir avec d'autres groupes distincts.

Genre *Proetus* et sous-genre *Phaëton*. — Le genre *Proetus* dont on ne peut séparer dans les comparaisons qui nous occupent le sous-genre *Phaëton*, se compose d'espèces très homogènes, se modifiant par degrés continus ; de tout le groupe c'est celui dont les affinités sont les plus multiples, car non seulement il se rattache en particulier à chacun des genres des *Proetidæ*, mais encore il tend à se rapprocher de genres en dehors de ce. groupe, par certaines de ses espèces dans lesquelles le véritable type *Proetus* s'est un peu modifié et qui servent ainsi de transition d'un groupe à l'autre.

Le tableau ci-dessous indique quelques-unes des espèces reliant le genre *Proetus* à d'autres genres du même groupe.

Proetus Astyanax, fig. 8.
— *Unguloïdes*, fig. 9. } *Dechenella*, fig. 3, 5.
— *Ryckholti*, fig. 13.

Proetus micropygus, fig. 4, 4ᵃ | *Brachymetopus*, fig. 1, 2.

Proetus Intermedius, fig. 12.
— *Ryckholti*, fig. 13. } *Phillipsia*, fig. 10, 11.

Proetus (Cyphaspis) depressa, fig. 17. | *Griffithides*, fig. 14, 15.

Le genre *Proetus* abondamment représenté dans le terrain silurien, se continue dans le dévonien et se poursuit jusque dans le carbonifère. Ce groupe très naturel, possède, ainsi que nous l'avons dit, des caractères qui, tout en restant les mêmes, d'une façon générale, peuvent s'amoindrir ou s'exagérer ; c'est ainsi que nous voyons les *Proetus* typiques du silurien (**P.** *bohemicus,* **P.** *tuberculatus,* **P.** *myops*) représentés dans le dévonien par des espèces presque identiques, chez lesquelles la glabelle est renflée, les sillons latéraux à peine indiqués, le pygidium court et arrondi, tandis qu'il existe également dans le silurien d'autres formes appartenant évidemment à ce même genre (fig. 13, 8, 4), mais qui, par leur glabelle petite, retrécie au sommet, coupée par des sillons latéraux bien accusés, se rapprochent du genre dévonien *Dechenella* (fig. 3, 5).

Dechenella. — Toutefois si ces deux formes présentent certains rapports par les caractères de leur bouclier céphalique et par le nombre des anneaux du thorax (10), il n'en est pas de même en ce qui concerne le pygidium, et c'est parmi les *Proetidæ* carbonifères, *Phillipsia, Griffithides* et *Brachymetopus* qu'il faudra chercher l'analogue de l'abdomen allongé et multisegmenté qui caractérise *Dechenella.*

Aussi malgré sa glabelle plus conique en avant et les trois sillons très accusés qu'elle porte, l'espèce dévonienne, type du genre *Dechenella* (fig. 5, 5ª), avait tout d'abord été rapportée au genre *Phillipsia* (6, 6ª) par M. Barrande qui l'avait appelée *Phillipsia Verneuili,* ne lui trouvant d'autres différences avec les *Phillipsia* que la présence de dix anneaux thoraciques au lieu de neuf, ce qui, du reste, lui semblait en rapport avec la diminution progressive des éléments du thorax, constatée dans d'autres genres tels que *Proetus, Cyphaspis,* etc.

On observe en effet d'une façon générale que le nombre des segments thoraciques diminue si l'on compare les formes anciennes à d'autres relativement plus récentes, tandis que le pygidium se comporte d'une manière inverse, et de court qu'il était dans les espèces siluriennes à thorax composé de nombreux segments, il devient allongé dans les espèces carbonifères à thorax amoindri.

Brachymetopus. — Dans le genre *Brachymetopus* (fig. 1, 2), qui n'a plus que neuf segments au thorax, nous retrouvons un pygidium développé comme dans *Dechenella* (fig. 3, 5ᵃ), ainsi qu'une glabelle rétrécie à la partie antérieure, mais ce caractère s'est exagéré dans le genre carbonifère dont la glabelle est atrophiée et n'occupe plus que la moitié ou le tiers de la hauteur de la tête. Il est intéressant de comparer les modifications de la glabelle de *Dechenella* et de *Brachymetopus* avec les stades par lesquels passe cette pièce dans son développement ontogénique. M. Barrande a constaté, en particulier chez *Sao hirsuta*, que cette partie médiane du bouclier céphalique est d'abord évasée au front, et relativement étroite à la base, qu'un peu plus tard elle prend l'aspect semi-cylindrique, puis qu'enfin, dans les adultes, on voit une forme tout opposée à celle du jeune âge, c'est-à-dire amincie au front et élargie à la base (1).

Le genre *Brachymetopus* se relie également au groupe de *Proetus* auquel nous avons déjà comparé *Dechenella* ; il a particulièrement des rapports avec une espèce du silurien supérieur de Bohême. *Pr. micropygus* (fig. 4), dont la tête présente des ana-

---

(1) Barrande, Loc. cit., t. I, p. 109.

logies remarquables avec cette même partie du corps chez *Br. ouralicus* (fig. 1), et *M'Coyi* (fig. 2), par son contour semblable, sa glabelle petite et conique, et ses yeux de même dimension et occupant exactement la même place; mais, les pygidium restent distincts, l'un restant conforme au type *Proetus*, l'autre présentant le facies ordinaire des Trilobites carbonifères.

Phillipsella. — L'apparition du genre Proetus a été précédée en Bohème (1), dans le terrain silurien, par la forme rapportée par Barrande au genre *Phillipsia* et que nous en avons séparée sous le nom de *Phillipsella*. Le type du genre *Phillipsella parabola* (fig. 38), présente certaines analogies par la disposition de la tête et en particulier de la glabelle, avec le sous-genre *Griffithides* (fig. 33), dont l'une des espèces, *G. longispinus*, lui avait été déjà comparée par M. Barrande; on y retrouve même dilatation de la glabelle en avant, même retrécissement en arrière, même absence de sillons latéraux. Le pygidium, au contraire, par sa forme courte et ramassée et l'ensemble de son facies, se rattache au genre *Proetus*. Quant au thorax, les segments ont la même conformation que dans la plupart des autres *Proetidæ*, mais ils sont seulement au nombre de six, ce qui est anormal dans ce groupe dont les genres *Phillipsia* et *Griffithides* qui ont le minimum, possèdent toujours neuf anneaux thoraciques. Cette

---

(1) En Bohème, *Proetus* apparaît dans la faune 3*, tandis qu'en Angleterre on le signale dès le silurien moyen.

réduction du thorax jointe à l'élargissement antérieur de la tête, caractères qui, ainsi que nous l'avons vu, correspondent à un premier stade du développement des trilobites, donnent l'idée d'un animal imparfait, dont l'évolution est restée incomplète, soit au point de vue ontogénique, soit au point de vue phyllogénique.

Phillipsia et *Griffithides*. — Le genre Phillipsia et son sous-genre *Griffithides* sont dans le groupe des Proetidæ les formes les plus proches alliées; le thorax et le pygidium sont semblables, la tête seule présente des caractères distinctifs par suite d'une modification dans la forme de la glabelle qui, dans *Griffithides*, s'élargit et se renfle en avant en forme de massue, et se rétrécit en arrière, par suite de la séparation des lobes postérieurs ou basaux, qui sont rejetés de chaque côté, en même temps que les sillons antérieurs et moyens disparaissent (fig. 14, 15, 16). Dans *Phillipsia* (fig. 6, 10, 11, 27), la glabelle, large en avant, présente des côtés subparallèles et quelquefois même légèrement convergents vers le sommet; il existe trois paires de sillons latéraux, et ordinairement un limbe circulaire entoure la tête. Ces différences dans la forme du bouclier céphalique peuvent être très accusées, comme dans *Griffithides acanthiceps* (fig. 14), et *Phillipsia truncatula* (fig. 6); tandis que dans d'autres cas elles sont très atténuées, comme dans *Gr. globiceps* (fig. 16) et *Ph. Derbyensis* (fig. 27).

L'indépendance de ces deux sections n'était pas admise par M. Barrande; M. Woodward, à l'opinion duquel nous nous rattachons en partie, pense, ainsi que la plupart des auteurs, que la séparation doit être maintenue et que la distinction est toujours facile lorsque les spécimens sont complets (1). Cependant, comme les caractères différentiels ne sont pas très importants, il nous semble rationnel de faire de *Griffithides* un sous-genre de *Phillipsia*.

Nous signalerons en passant qu'un rapprochement peut être établi entre le genre *Phillipsia* et certains *Proetus* à glabelle étroite du terrain silurien, en se servant de *Dechenella* comme terme de passage ; nous ferons également remarquer les liens intimes qui unissent directement *Phillipsia* au genre *Proetus :* la tête de *Phillipsia truncatula* (fig. 6), présente des analogies frappantes avec *Proetus Astyanax* (fig. 8) et *Ph. unguloïdes* (fig. 9) ; celles de *Ph. Eichwaldi* (fig. 10), *Ph. gemmulifera* (fig. 11) avec *Pr. intermedius* (fig. 12) ; et le pygidium lui-même dans *Ph. Colei* (fig. 7) rappelle celui de *Proetus micropygus* (fig. 4ᵃ).

La forme de la glabelle, rétrécie au droit des yeux, qui caractérise le genre *Griffithides*, se retrouve, ainsi que nous l'avons dit, dans le genre *Phillipsella* où elle est encore plus prononcée puisque les lobes basaux n'existent plus.

Les genres *Phillipsia*, *Griffithides* et *Brachymetopus* sont tous les trois couverts de granulations, parfois très accusées (fig. 1, 2, 6ᵃ, 11, 15, etc.) ; d'après une observation faite par M. Barrande, ce genre d'ornementation est celui des trilobites les

---

(1) Woodward, Pal. Soc. 1883. Brit. Tril. Carb. Part. I, p. 26.

derniers apparus ; tandis que les espèces primordiales sont plus ordinairement couvertes de stries (1).

Après cet examen comparatif des *Proetidæ* entre eux, nous examinerons maintenant rapidement les rapports qui existent entre certains *Proetidæ* et des genres en dehors de ce groupe, en commençant par *Cyphaspis*, que nous en avons éliminé pour des motifs énoncés au commencement de cette note, mais dont nous avons néanmoins constaté certaines affinités avec le genre *Proetus ;* il existe en effet une espèce : Proetus (Cyphaspis) depressus Barr. (fig. 17, 19), qui possède des caractères mixtes assez incertains pour que son auteur l'ait classée parmi les *Cyphaspis,* tandis que nous croyons qu'elle appartient au genre Proetus ; la séparation des lobes postérieurs, du reste de la glabelle est en effet analogue, mais non identique, à ce qui se passe chez *Cyphaspis* où chacun de ces lobes forme un véritable tubercule accolé de chaque côté à la base de la glabelle, tandis que les sillons postérieurs de *Proetus depressus*, pour être moins étendus et moins accusés, n'en sont pas moins semblables à ceux de d'autres *Proetus*, tels que *Proetus (Phaëton), Archiaci*, Barr. *P. (Phaet). striatus*, Barr. Dans tous les cas, le plus grand rapprochement des branches de la suture faciale, la moindre saillie de la glabelle et la place qu'occupent les yeux, ainsi que le nombre des anneaux (10), et enfin tout le facies général de cette espèce en font un véritable *Proetus*.

Si nous passons ensuite au genre *Dechenella*

(1) Barrande, loc. cit., t. I, p. 254.

(fig. 23), nous verrons qu'il présente des analogies curieuses avec deux genres plus anciens : *Calymene* (fig. 24) et *Conocephalites* (fig. 25, 26). Ces trois genres ont comme caractères communs une tête à peu près semi-circulaire ; une glabelle conique rétrécie en avant et fortement lobée par plusieurs paires de sillons latéraux ; les branches de la suture faciale sont toujours isolées ; les yeux grands et bien développés dans *Dechenella* le sont également dans une espèce du genre *Conocephalites* (*C. Emmerichi* fig. 25).

Dans le genre *Calymene* qui, par son facies et le nombre de ses segments, a beaucoup de rapport avec *Conocephalites*, certaines espèces présentent des caractères assez équivoques pour que les auteurs les aient rapportées successivement à l'un ou à l'autre de ces trois genres ; c'est ainsi que certains *Conocephalites* ont été décrits comme des *Calymene*, et que *Calymene marginalis*, Conrad, du Tully limestone, doit rentrer, selon M. Kayser, dans le genre *Dechenella* et devenir *D. marginalis* (1).

Quant aux genres *Phillipsia* (fig. 27) et *Griffithides* (fig. 33), leur aspect et les rapports intimes qui existent entre eux rappellent ceux qui unissent *Dalmanites* (fig. 28) et *Phacops* (fig. 34), dont ils semblent en quelque sorte être les équivalents dans le carbonifère ; *Griffithides* étant plus près allié de *Phacops* et *Phillipsia* de *Dalmanites*.— *Griffithides* se rapproche de *Phacops* par la conformation

____

(1) Kayser, Loc. cit., p. 707.

générale de la tête et en particulier par celle de la glabelle très large en avant et rétrécie du côté postérieur (fig. 33, 34), par la forme des segments et par la disposition du pygidium plus arrondi en arrière que celui de *Phillipsia*. *Phillipsia*, au contraire, rappelle dans tout son ensemble le genre *Dalmanites*, présentant comme lui la glabelle lobée et un plus grand nombre de segments au pygidium dont l'extrémité peut parfois être ornée d'un appendice caudal, comme dans ce dernier genre (fig. 10, 28).

Toutefois, malgré la ressemblance apparente que présentent ces genres, *Phillipsia* et *Griffithides* restent nettement séparés de *Dalmanites* et *Phacops* par suite de leur facies général qui, malgré tout, reste nettement distinct, et surtout par le cours de la suture faciale qui, dans ces deux derniers genres, au lieu de former deux branches isolées, contourne entièrement le lobe frontal puis, après avoir dépassé l'œil, remonte obliquement pour aller aboutir latéralement en un point situé tantôt au-dessus, tantôt au-dessous de l'œil (fig. 28, 34).

Nous devons aussi signaler deux genres siluriens, *Asaphus* (fig. 31, 35), et *Ogygia* (fig. 29, 30) liés également entre eux par de très grandes affinités et qui présentent des analogies souvent citées par les auteurs, d'une part avec *Dalmanites* et *Phacops*, et de l'autre avec *Phillipsia* et *Griffithides*; ils rappellent ces quatre genres par les proportions générales du corps et la forme de presque tous les éléments de la tête ; seulement la suture faciale se termine toujours postérieurement comme dans *Phillipsia* et *Griffithides* et non latéralement comme dans *Phacops* et *Dalma-nites*; elle se compose de deux branches tantôt isolées, comme dans les deux premiers genres (fig. 29, 31), tantôt unies en arc au devant de la glabelle, comme dans *Dalmanites* et *Phacops* (fig. 30, 35). Une diffé-rence avec ces derniers consiste dans la présence d'une cornée lisse qui recouvre les yeux, structure que nous retrouvons au contraire dans *Phillipsia* et *Griffl-thides*. La forme des segments thoraciques d'*Asaphus* et d'*Ogygia* est également très analogue à celle des genres comparés, et ils appartiennent, comme tous ceux de la famille des *Proetidæ*, au type de la plèvre à sillon.

Par son facies général et la conformation de ses diffé-rentes parties, le genre *Phillipsella* rappelle étroi-tement les genres *Asaphus* et *Ogygia* (voir *Ogygia desiderata*). Nous avons déjà cité ses relations avec *Phillipsia* et *Griffithides*; ce serait une forme ancienne de transition, appartenant par l'ensemble de ses caractères au groupe des *Proetidæ* dont elle serait peut-être un type primordial, étant donné ses caractères généraux et son extinction rapide, compa-rativement à la durée du genre *Proetus*.

Dans ces différents genres, le nombre des segments thoraciques est réparti de la manière suivante :

> *Ogygia* et *Asaphus* 8.
> *Dalmania* et *Phacops* 11.
> *Phillipsia* et *Griffithides* 9.

Quant au pygidium, la segmentation de l'axe et des lobes latéraux existe constamment dans *Ogygia* et se retrouve dans un grand nombre d'*Asaphus*, et d'après Woodward, le pygidium de *Phillipsia Colei* (fig. 32) offre une grande ressemblance avec celui d'*Asaphus* et d'*Ogygia* (1).

Nous devons encore citer pour mémoire certains rapports éloignés, plus apparents que réels, que le genre *Griffithides* présente par la forme de sa tête avec le genre *Bronteus* (fig. 36, 37) qui en diffère absolument par le reste du corps, soit par les éléments du thorax qui appartiennent au type de la plèvre à bourrelet, soit par la forme si particulière du pygidium pourvu d'un axe rudimentaire et de côtes rayonnantes.

Nous donnerons, en terminant, l'ordre d'apparition et l'extension verticale des genres et sous-genres qui constituent le groupe des *Proctidæ*.

	Silurien	Dévonien	Carbonifère	Permien
G. *Phillipsella*....	+			
G. *Proctus*	+	+	+	
S. G. *Phaëton*.......	+			
G. *Dechenella*.....		+		
G. *Brachymetopus*.			+	
G. *Phillipsia*.....		?	+	?
S. G. *Griffithides*....			+	

(1) Woodwand, Loc. sit. Part. I, p. 16.

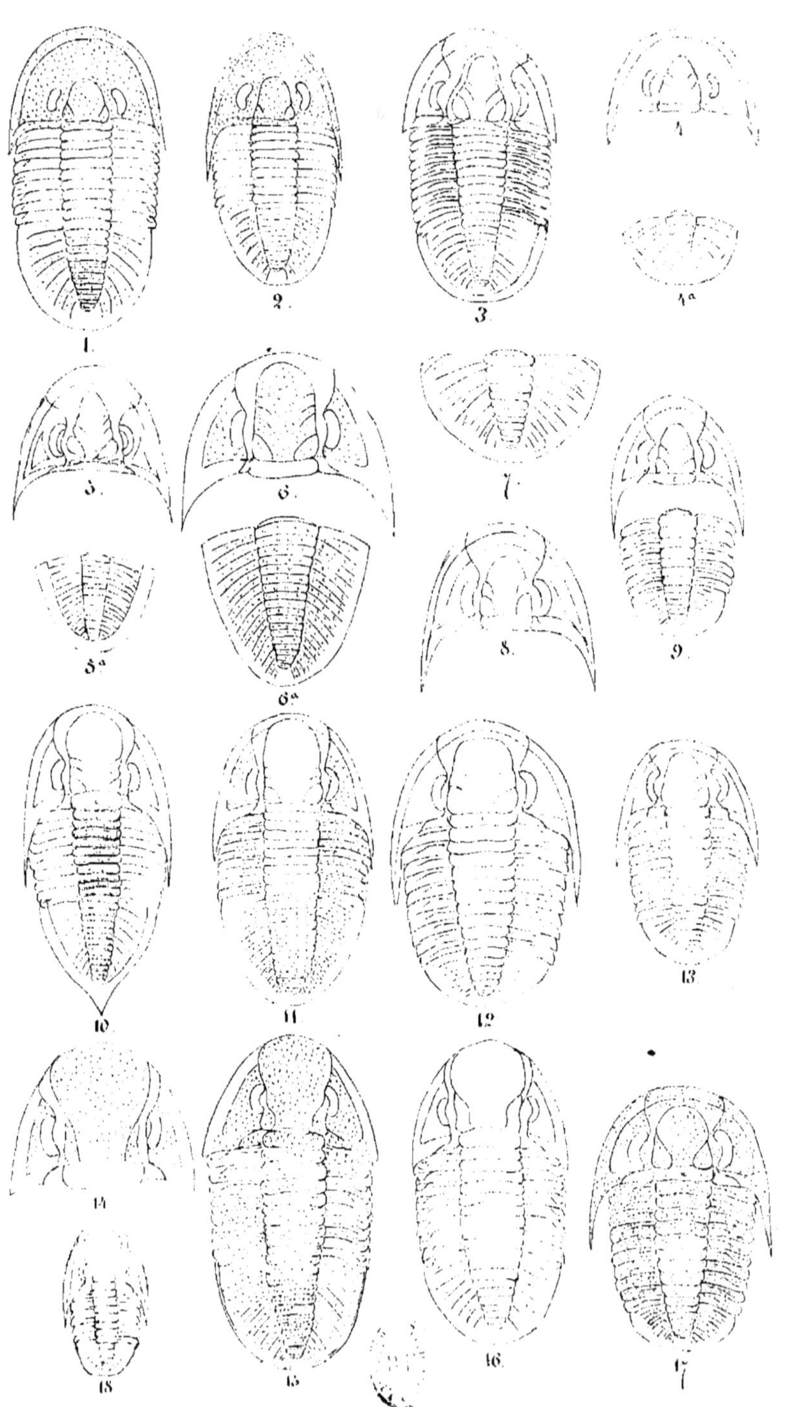

PLANCHE I.

Fig. 1. *Brachymetopus ouralicus* de Vern sp. d'après Woodward. Tril. Carb. Pl. 8, fig. 7, gros 2/1.

Fig. 2. *Brachymetopus Mac Coyi* Portlock, sp. d'après Woodward. Tril. Carb. Pl. 8, fig. 13, gros 2/1.

Fig. 3. *Dechenella Haldemani*. Hall. d'après Kayser. Pl. 27. Fig. 9, gros 2/1.

Fig. 4, 4ª. *Proetus Micropygus*. Corda. d'après Barrande. Tril. Boh. Pl. 15, fig. 37-39, gros 4/1.

Fig. 5, 5ª. *Dechenella Verneuili*. Barr. d'après Kayser. Pl. 27, fig. 1 et 5.

Fig. 6, 6ª. *Phillipsia truncatuta*. Phil. sp. d'après Wood. Tril. Carb. Pl. 3, fig. 13-14, gr. nat.

Fig. 7. *Phillipsia Colei*. M'Coy, d'après Wood. Tril. Carb. Pl. 2, fig. 7, gros 2/1.

Fig. 8. *Proetus astyanax*. Corda. d'après Barr. Pl. 17, fig. 22, 2/1.

Fig. 9. *Proetus unguloïdes*. Barr. d'après Barr. Pl. 15, fig. 23-25, gros 2/1.

Fig. 10. *Phillipsia Eichwaldi*, var *mucronata*. M'Coy, d'après Wood. Tril. Carb. Pl. 4, fig. 15, gr. nat.

Fig. 11. *Phillipsia gemmulifera*. Phillips. d'après Wood. Tril. Carb. Pl. 3, fig. 6, gros 2/1.

Fig. 12. *Proetus intermedius*. Barr. d'après Barr. Pl. 16, fig. 31, gr. nat.

Fig. 13. *Proetus Ryckholti*. Barr. d'après Barr. Pl. 15, fig. 15, gros 2/1.

Fig. 14. *Griffithides acanthiceps*. Wood. d'après Wood. Pl. 6. fig. 11, gros. 1 1/2.

Fig. 15. *Griffithides seminiferus*. Phil. d'après Wood. Pl. 5, fig. 6.

Fig. 16. *Griffithides globiceps*. Phil. sp d'après Woodward.

Fig. 17. *Proetus (Cyphaspis) depressus*. Barr. d'après Barr. Pl. 16, fig. 38, gros 4/1.

Fig. 18. *Phillipsella (Phillipsia) parabola*. Barr. sp. d'après Barr. suppl. Pl. 1, fig. 16, gros 1/2.

PLANCHE II.

Fig. 19. *Proetus (Cyphaspis) depressus*. Barr. d'après Barr. Pl. 16, fig. 38, gros 4/1.

Fig. 20. *Cyphaspis Halli*. Barr. d'après Barr. Pl. 18, fig. 35, gros 2/1.

Fig. 21. *Arethusina Konincki*. Barr. d'après Barr. Pl. 18. fig. 16, 2/1.

Fig. 22. *Harpes ungula*. Hernb. sp. d'après Barr. Pl. 8. fig. 2, gr. nat.

Fig. 23. *Dechenella verticalis*. Burm. sp. d'après Kayser. Pl. 27, fig. 6, gr. nat.

Fig. 24. *Calymene Baylei*. Barr. d'après Barr. Pl. 43, fig. 49, gros 2/3.

Fig. 25. *Conocephalites Emmrichi*. Barr. d'après Barr. Pl. 11, fig. 2, gr. nat.

Fig. 26. *Conocephalites striatus*. Emm. d'après Barr. Pl. 14, fig. 7, gros 1 1/2.

Fig. 27. *Phillipsia Derbyensis*. Martin d'après Wood. Pl. 1, fig. 6, gros 2/1.

Fig. 28. *Dalmanites auriculata*. Dalm. sp. d'après Barr. Pl. 25, fig. 1, gros 1/2.

Fig. 29. *Ogygia Buchii*. Brong. sp. d'après Barr. Pl. 2, A fig. 25.

Fig. 30. *Ogygia desiderata*. Barr. d'après Barr., suppl. Pl. 9, fig. 11, gr. nat.

Fig. 31. *Asaphus alienus*. Barr., d'après Barr., suppl. Pl. 10, fig. 1, gros 2/3.

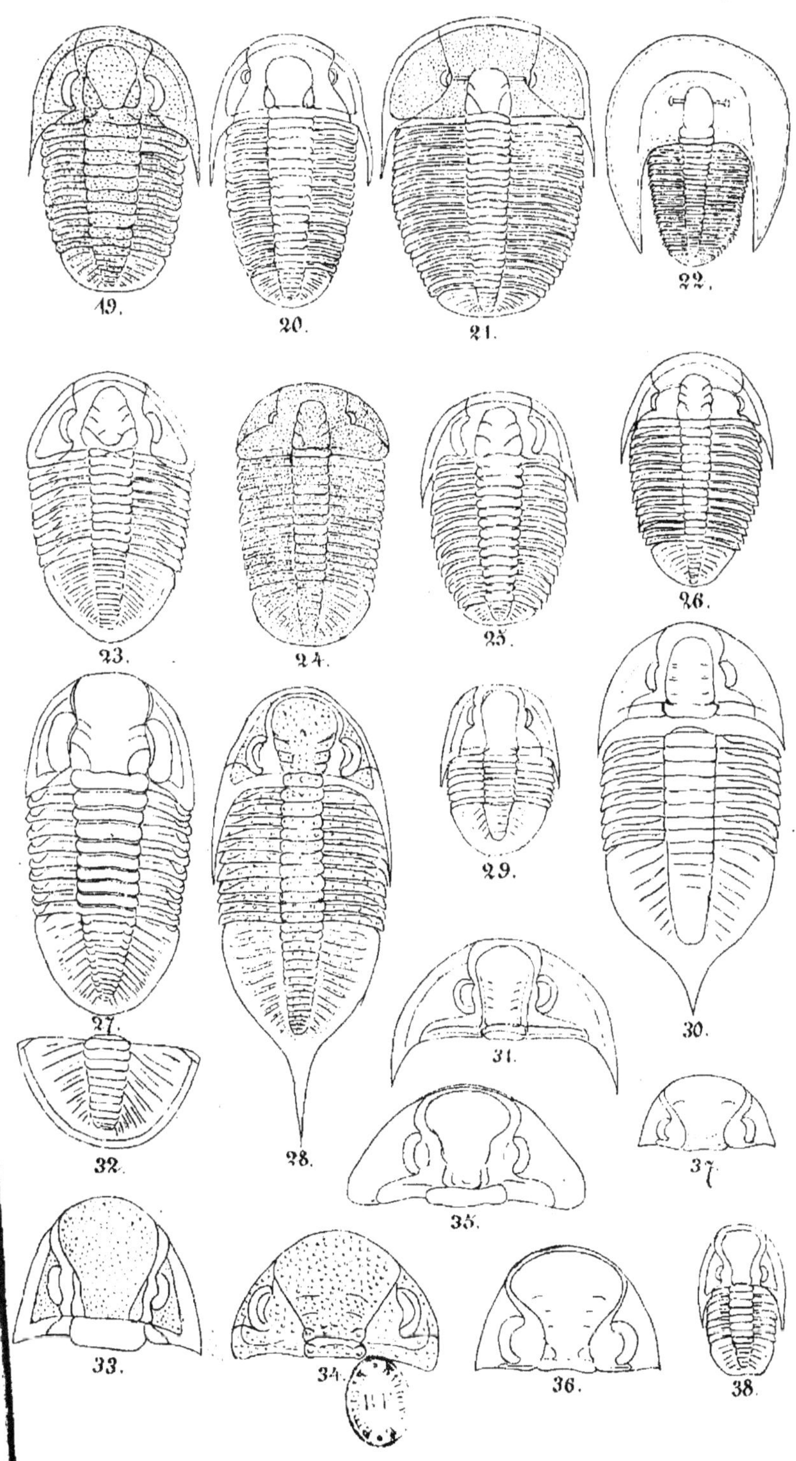

Fig. 32. *Phillipsia Colei*. M'Coy, d'après Wood. Tril. Carb.
Pl. 2, fig. 7, gros 2/1.

Fig. 33. *Griffithides acanthiceps*. Wood., d'après Wood.
Pl. 6, fig. 2, gros 1 1/2.

Fig. 34. *Phacops fecundus*, var *dejener*. Barr., d'après Barr.
Pl. 21, fig. 22, gr. nat.

Fig. 35. *Asaphus expansus*, d'après Barr. Pl. 2, A fig. 17.

Fig. 36. *Bronteus Brongniarti*. Barr., d'après Barr. Pl. 46,
fig. 1, gr. nat.

Fig. 37. *Bronteus tenellus*. Barr.. d'après Barr. Pl. 47,
fig. 36, gros 2/1.

Fig. 38. *Phillipsella (Phillipsia) parabola*. Barr. sp., d'après
Barr., sup. Pl. 1, fig. 16, gros 1/2.

NOTE AJOUTÉE PENDANT L'IMPRESSION

Au moment où nous corrigeons les épreuves de
cette note, nous avons sous les yeux une étude publiée
par M. Novak (1) sur l'hypostôme de quelques trilobites de Bohême, dans laquelle il propose le nom
générique de *Phillipsinella* pour *Phillipsia parabola* Barrande. Ce travail, présenté à l'Académie des
sciences de Bohème dans la séance du 27 novembre
1885, et publié avant le nôtre, a une double priorité,
celle du dépôt et celle de l'apparition; aussi le nom
de *Phillipsinella* devra donc être adopté et celui de

---

(1) Ot. Novak. Studien an Hypostonem boemischer Trilobiten
n° 3 (ans dem Sitzungsberichten des k Boehm. Gesselschaft der
Wissenchaften. 27 nov. 1885.

Phillipsella, que nous avons proposé, tombera en synonymie.

Nous analyserons brièvement les principaux faits énoncés dans le travail du savant conservateur de la collection de M. Barrande. M. Novak, frappé de la lacune qui existe dans la distribution verticale du genre Phillipsia, tel que l'entendait Barrande, ainsi que des caractères différentiels qui séparent *Ph. parabola* de *Ph. Eichwaldi*, pense que le *Phillipsia* silurien ne peut être conservé dans le genre *Phillipsia* Portlock et il propose le nom de *Phillipsinella*.

Il apporte aux caractères distinctifs déjà connus un nouvel argument, tiré de l'hypostôme, qu'il a récemment découvert, et qui, dans Phillipsinella est trapèzoïdal, large, avec un bord postérieur droit, sans lobes ni sillons, tandis que cette même pièce, chez Phillipsia (*Ph. Eichwaldi*) est piriforme, allongée, à bord postérieur arrondi et possède des sillons et des lobes très développés.

D'après ces caractères et en particulier d'après les différences capitales qui existent entre les hypostômes de ces deux genres, M. Novak éloigne *Phillipsinella* du groupe des *Proetidæ* et il le place dans celui des *Asaphidæ*. Les raisons qu'il invoque sont les suivantes :

1° La grandeur remarquable de la tête et du pygidium par rapport à la longueur totale de l'animal.

2° Le nombre restreint (6) des anneaux du thorax (8 chez *Asaphus*, *Ogygia*, *Barrandia*, *Niobe*, etc.)

3° L'apparition de ce genre concurremment avec la majeure partie du groupe des *Asaphus*.

4° L'analogie frappante qui existe entre le genre *Phillipsinella* et le genre *Stygina* Salter, si voisin du groupe des *Asaphus*, et trouvé dans les couches du silurien moyen.

Ces faits, montrent, ainsi que nous le pensions, que chez les tribolites la limite exacte de certains groupes est difficile à établir, et que le genre *Phillipsinella* forme une sorte de passage, ainsi que nous l'avions fait remarquer, entre le genre *Griffithides* et les genres *Asaphus* et *Ogygia*.

Angers, imp. Germain et G. Grassin, rue Saint-Laud. — 818-86.

www.ingramcontent.com/pod-product-compliance
Lightning Source LLC
LaVergne TN
LVHW012115170726
843501LV00008BC/2889